Sayantan Banik
Govind Rai Goyal

Corte de carga ótimo utilizando um algoritmo baseado na inteligência de enxame

Sayantan Banik
Govind Rai Goyal

Corte de carga ótimo utilizando um algoritmo baseado na inteligência de enxame

ScienciaScripts

Imprint

Any brand names and product names mentioned in this book are subject to trademark, brand or patent protection and are trademarks or registered trademarks of their respective holders. The use of brand names, product names, common names, trade names, product descriptions etc. even without a particular marking in this work is in no way to be construed to mean that such names may be regarded as unrestricted in respect of trademark and brand protection legislation and could thus be used by anyone.

Cover image: www.ingimage.com

This book is a translation from the original published under ISBN 978-620-7-65249-5.

Publisher:
Sciencia Scripts
is a trademark of
Dodo Books Indian Ocean Ltd. and OmniScriptum S.R.L publishing group

120 High Road, East Finchley, London, N2 9ED, United Kingdom
Str. Armeneasca 28/1, office 1, Chisinau MD-2012, Republic of Moldova, Europe
Printed at: see last page
ISBN: 978-620-7-72506-9

<u>RECONHECIMENTO</u>

É com imenso orgulho e prazer que expresso a minha sincera gratidão ao **Dr. Govind Rai Goyal**, Professor Associado, Departamento de Engenharia Eléctrica, Universidade de Engenharia e Gestão, Jaipur, pelo seu encorajamento, ajuda constante e orientação ao longo de todo o trabalho de tese, desde o seu início. Deu-me sempre conselhos sábios, discussões e comentários úteis.

Gostaria de estender os meus sinceros agradecimentos ao **Dr. Ankit Kumar Sharma**, Chefe do Departamento de Engenharia Eléctrica da Universidade de Engenharia e Gestão de Jaipur, por ter poupado o seu precioso tempo e me ter dado a orientação necessária para o projeto.

Gostaria de agradecer ao **Prof. Biswajoy Chatterjee**, Presidente da Universidade de Engenharia e Gestão, Jaipur, por ter disponibilizado todo o tipo de apoio infraestrutural e um ambiente saudável para a investigação. Gostaria também de agradecer a todos os membros do corpo docente do Departamento de Engenharia Eléctrica da Universidade de Engenharia e Gestão, Jaipur, pela sua ajuda e apoio moral constante que me permitiram concluir este trabalho.

A minha família sempre me apoiou e encorajou. Os meus sinceros agradecimentos aos meus pais, à minha mulher e à minha filha pela sua paciência, cooperação e compreensão.

Por último, mas não menos importante, agradeço a todos aqueles que, direta ou indiretamente, me ajudaram a prosseguir este trabalho de dissertação.

Mais uma vez, obrigado a todos!

SAYANTAN BANIK

ÍNDICE DE CONTEÚDOS

RESUMO

Neste livro, um problema de corte de carga ótimo é resolvido utilizando um algoritmo Firefly (FA) baseado em inteligência de enxame e bio-inspirado. Algumas das funções-objetivo padrão relativas ao corte de carga ótimo, nomeadamente o Novo Índice de Estabilidade de Tensão (NVSI), que indica a localização óptima do barramento para o corte de carga, e a quantidade de corte de carga são minimizadas utilizando o algoritmo de pirilampo proposto para obter os valores óptimos. O NVSI, que atua como um indicador de estabilidade de tensão na linha de transmissão, é calculado a partir do conceito de fluxo de potência em uma única linha, consistindo em um sistema de dois barramentos. Dessa forma, a minimização desse índice melhora o desempenho da linha de transmissão, melhorando assim a estabilidade de tensão do sistema.

Um sistema de teste padrão de 30 barramentos IEEE é usado para implementação, aplicando o método Gauss-Siedel para análise de fluxo de carga. Os cálculos são efectuados numa base unitária. As equações de fluxo de potência da análise de fluxo de carga e a condição de potência fixa são as restrições de igualdade utilizadas neste problema. A análise do desempenho deste problema de otimização utilizando o algoritmo do pirilampo e a sua comparação com o algoritmo padrão de otimização por enxame de partículas (PSO) é efectuada através da verificação de várias combinações de valores dos parâmetros associados.

Verifica-se que os algoritmos Firefly e PSO convergem para uma solução óptima e são robustos na implementação, mas o FA tem um desempenho ligeiramente melhor do que o PSO para esta aplicação específica.

CAPÍTULO 01: INTRODUÇÃO

1.1 Conceito de corte de carga

1.1.1 Visão geral

O corte de carga pode ser definido como a quantidade de carga que deve ser removida quase instantaneamente de um sistema elétrico para manter a parte restante do sistema operacional. Esta redução de carga é efectuada em resposta a uma perturbação do sistema (e possíveis perturbações adicionais) que resulta numa situação de deficiência de produção ou de sobrecarga da rede [1]. As perturbações mais comuns que causam estas condições incluem falhas na linha de transmissão ou no transformador, perda de produção, erros de comutação e descargas atmosféricas.

Assim, o corte de carga é uma ação de controlo corretivo eficaz em que uma parte das cargas do sistema é desligada com base numa determinada prioridade, a fim de proteger o sistema de energia dos perigos potenciais existentes, de modo a que haja a menor probabilidade de desligar as cargas importantes. Representa a solução final utilizada para evitar o colapso da tensão ou a cascata de sobrecargas numa rede eléctrica de grande área, depois de esgotados todos os outros recursos. Neste caso, o LS foi utilizado como o principal meio para evitar o colapso da tensão.

1.1.2 Estratégias relativas ao corte de carga

A carga pesada num sistema elétrico pode levar a instabilidades ou colapsos de tensão ou, no extremo, a apagões completos. Na eventualidade de um apagão, perder-se-á uma grande quantidade de carga, pelo que, em situações de emergência, alguma carga deve ser retirada para o evitar [2]. Para o efeito, é necessário um algoritmo que ajude os operadores a determinar que carga específica e qual a quantidade de carga que pode ser eliminada para estabilizar o sistema. Depois de resolver o problema do desequilíbrio entre a produção e a carga utilizando o corte de carga, deve ser aplicado um procedimento correspondente para o restabelecimento seguro da carga interrompida, o mais rapidamente possível. Aqui, o objetivo é minimizar os parâmetros cruciais associados às estratégias OLS, como parte de um problema de corte de carga sob tensão (UVLS) [3] utilizando o algoritmo Firefly. Isto é necessário para garantir a estabilidade da tensão do sistema de energia em condições de contingência antes de se efetuar o corte de carga. O esquema de fluxo de carga tem de ser implementado no sistema de energia eléctrica sob viabilidade e solvabilidade das equações de fluxo de potência.

Um algoritmo Firefly básico com a função objetivo como a soma de FVSI de todas as linhas, ou a soma de NVSI para todos os barramentos com perda de carga, juntamente com a quantidade de perda de carga, ambos com uma única variável de decisão, ou seja, magnitudes de tensão de barramento, é implementado para os limites especificados de tensões e exigências de potência ativa, juntamente com o cumprimento da condição de fator de potência fixo. Um sistema padrão de 30 barramentos IEEE é utilizado neste problema e o software MATLAB 2013a é utilizado para implementar o FA.

1.2   Revisão da literatura

A causa mais comum de cortes de energia é a sobrecarga do sistema de transmissão, que produz instabilidade de tensão e pode resultar em eventos em cascata ou em ilhas, que podem resultar em apagões. Nestas condições, a redução precisa da carga é fundamental para evitar que o sistema entre em colapso total. Devido ao número crescente de cortes de energia causados por cortes de carga inadequados e por cortes de carga excessivos ou inadequados, a capacidade e a fiabilidade dos actuais procedimentos tradicionais de corte de carga têm sido postas em causa. Consequentemente, são necessárias soluções alternativas para melhorar a fiabilidade dos actuais sistemas de energia, enormes, complexos e contemporâneos.

Devido à sua robustez e simplicidade de trabalho com sistemas complicados, as abordagens de inteligência computacional [3] despertaram o interesse dos académicos. Para fazer face a problemas de corte de carga, vários investigadores desenvolveram soluções de inteligência computacional. Antes de serem implementadas num sistema elétrico real, estas técnicas de inteligência computacional passam por uma série de simulações para determinar o corte de carga ótimo para várias contingências, como falhas, disparos de linhas e problemas de instabilidade da tensão, divisão do sistema elétrico em diferentes ilhas e problemas de estabilidade da frequência. As abordagens para estes cenários são utilizadas em tempo real após treino, teste e otimização bem sucedidos. Se o sistema elétrico sofrer de qualquer uma das dificuldades acima referidas, estas estratégias podem proporcionar um corte de carga ótimo para esse cenário, uma vez que a melhor solução já foi encontrada.

1.2.1 Procedimento passo a passo de estudo da literatura

O estudo da literatura foi efectuado da seguinte forma:

1. Livro sobre o funcionamento ótimo dos sistemas de energia para estudar o OLS.

2. Artigos de investigação sobre OLS, as suas técnicas, tipos e otimização.

3. Seleção de um sistema de teste padrão para a formulação e análise de problemas.

4. Estudo de livros sobre software relevante para implementação.

Os índices de estabilidade de tensão são ferramentas úteis para identificar o barramento mais fraco e a linha crítica [1]. Foi apresentado um algoritmo de corte de carga baseado num índice computacionalmente simples, utilizando um algoritmo genético de soma ponderada, no qual não é possível encontrar uma solução de fluxo de potência CA para as condições de tensão. A minimização da perda de carga total e a soma do Índice de Estabilidade da Nova Tensão (NVSI) nos barramentos seleccionados são considerados como dois objectivos para restabelecer a solvabilidade do fluxo de potência. Este método é validado tanto no sistema de 30 barramentos do IEEE como num sistema prático de 69 barramentos da Tamil Nadu Electricity Board (TNEB), na Índia, considerando tanto a carga pesada como a contingência (N-1). Em [2], é resolvido um problema de otimização não linear para determinar a melhor localização e a quantidade mínima de carga a ser cortada para os esquemas de corte de carga baseados em eventos, convertendo-o numa série de problemas de otimização linear. Além disso, para identificar rapidamente as possíveis localizações de corte de carga no método multiestágio proposto, é proposto um novo modelo de rede multiportas.

É apresentada uma panorâmica das técnicas de inteligência computacional aplicadas à limitação de carga num sistema elétrico [3]. Estas incluem redes neurais artificiais, algoritmos genéticos, controlo lógico difuso, sistema de inferência neuro-fuzzy adaptativo e otimização por enxame de partículas. Este documento compara as vantagens das técnicas de inteligência computacional em relação às técnicas convencionais de corte de carga e também discute as limitações das técnicas de inteligência computacional, que restringem a sua utilização no corte de carga em aplicações em tempo real. Um novo método baseado na técnica de Algoritmo Genético Híbrido e Otimização por Enxame de Partículas (HGAPSO) foi proposto para resolver o problema de corte de carga sob tensão [4]. A redução de carga é realizada como uma ação de controlo final por este esquema para garantir a estabilidade da tensão do sistema de energia em contingências. Foi modelado um problema multiobjectivo e demonstrou-se que o HGAPSO consegue identificar uma solução óptima global em comparação com o PSO tradicional. Além disso, a minimização da perda de potência ativa nas linhas de transmissão é considerada na função multiobjectivo. Os barramentos de carga são ordenados pelo custo de interrupção e o corte de carga tenta minimizar o custo de interrupção.

Os efeitos dos principais parâmetros na AF são sistematicamente investigados com base em algumas funções de referência [5]. O fator de dimensão do passo, o coeficiente de absorção e a dimensão da população têm um impacto considerável no desempenho da AF. Neste documento, são descritas as características dos parâmetros da AF e são dadas directrizes para a determinação dos valores dos parâmetros. Os efeitos dos parâmetros no desempenho da AF são investigados com o objetivo de explorar uma melhor atribuição dos valores dos parâmetros.

Um esquema de corte de carga em várias etapas para avaliação da segurança de tensão considerando perturbações foi apresentado em [6]. Neste estudo, o sistema de transmissão, sob tensão, é sujeito a perturbações para levar o sistema ao ponto de colapso da tensão, o que ativa o esquema de carga para proteger o sistema. Um novo algoritmo foi desenvolvido para implementar as mesmas condições e, finalmente, o processo de corte de carga para proteger o sistema de ter um colapso. Um índice de estabilidade de tensão baseado na linha foi utilizado como instrumento para medir a sensibilidade de uma linha de transmissão, indicando a urgência do corte de carga a ser efectuado no sistema.

Foi criado um novo algoritmo para avaliar a sensibilidade de uma linha de transmissão num sistema que utiliza o índice de estabilidade de tensão baseado na linha como instrumento. Em [7], é criado um método ótimo de corte de carga baseado na noção de margem de estabilidade de tensão estática e no seu valor de sensibilidade no ponto de carga máxima/ponto de colapso. [8] propõe um modelo de otimização para minimizar o corte de carga necessário para restaurar o equilíbrio do ponto de funcionamento com limitações relaxadas. Reduz os cortes de carga diminuindo a sua relevância e cria fases distintas para os mesmos, relaxando os fluxos de tensão mínima e de potência ativa máxima através dos transformadores. [9] propõe uma nova abordagem para o corte de carga que utiliza o valor mínimo Eigen do Jacobiano do fluxo de carga como indicação de proximidade e é obtido utilizando a metodologia de fluxo de potência contínuo.

Uma nova abordagem para garantir o correto funcionamento do sistema elétrico através do aumento do número de participantes, designada por Distributed Interruptible Load Shedding (DILS) é proposta em [10]. Assim, se todas as cargas participarem no programa de corte de carga, o desconforto seria mínimo, devido à sua duração normalmente curta. No que diz respeito à conveniência económica do *DILS* (principalmente para os utilizadores finais), foram sugeridos alguns incentivos possíveis.

1.3 Esboço do livro

O Capítulo 01 apresenta uma breve introdução ao tema do projeto. Fornece uma visão geral do conceito de corte de carga. Descreve também, de forma sucinta, a literatura utilizada para descrever os trabalhos de investigação, livros, relatórios de teses, sítios Web, etc., caso existam, e o roteiro escolhido para atingir o objetivo proposto.

O Capítulo 02 fornece informações pormenorizadas sobre o OLS, os objectivos conexos, os vários métodos/técnicas adoptados ao longo do tempo, os desafios enfrentados e os métodos populares utilizados até à data.

O Capítulo 03 descreve em pormenor uma das técnicas de Inteligência Artificial utilizadas para a otimização de um problema de corte de carga, nomeadamente o algoritmo Firefly, e o seu alcance num problema de otimização geral.

O capítulo 04 revela a metodologia adoptada nesta tese, desde o início do trabalho, para o problema em análise em pormenor e os resultados correspondentes.

O capítulo 05 mostra a nova estratégia corrigida do projeto para implementar o corte de carga ótimo, juntamente com os resultados finais.

O capítulo 06 apresenta uma conclusão exaustiva da solução do problema OLS, correspondente à metodologia selecionada para o trabalho de investigação.

CAPÍTULO 02: CORTE DE CARGA E SUA OPTIMIZAÇÃO

É necessária uma localização óptima das cargas a abandonar, bem como a sua quantidade óptima. Uma vez que o corte de carga acarreta grandes perdas económicas, o despachante deve tentar sempre o seu melhor para proteger a carga maioritária. Muitas técnicas foram desenvolvidas para minimizar o corte de carga sem violar as restrições de segurança do sistema, tanto no caso dinâmico como no estado estacionário [3]. Foram desenvolvidos vários algoritmos para determinar a localização e a qualidade da carga a ser cortada e testados com os sistemas de teste padrão do IEEE para barramentos.

2.1 História do corte de carga ótimo (OLS)

A otimização do corte de carga está no centro de várias áreas importantes relacionadas com o estudo da rede eléctrica, como a análise de vulnerabilidades e contingências, a análise de falhas em cascata, etc. As primeiras tentativas de otimização do corte de carga surgiram no final dos anos 60, quando foram desenvolvidas técnicas de gradiente centralizado para o corte de carga. Devido à sua importância nas redes de energia eléctrica, a otimização do corte de carga continua a ser uma área de investigação ativa.

No entanto, a abordagem predominante até à data nesta área continua a basear-se no gradiente de primeira ordem, que sofre do problema do longo tempo de convergência e não tem qualquer garantia de viabilidade durante os seus processos de convergência. Além disso, os trabalhos existentes nesta área são maioritariamente centralizados, o que não é adequado para a recuperação pós-catástrofe, que exige esquemas de resposta rápida e distribuídos. Por outro lado, a maior parte dos trabalhos sobre a distribuição de carga até à data baseiam-se em heurísticas, meta-heurísticas e sistemas baseados no conhecimento, que não oferecem garantias de desempenho.

2.2 Técnicas de redução de carga

Existem vários métodos tradicionais de corte de carga, como o corte de carga por subfrequência ou subtensão, bem como os métodos óptimos de corte de carga do sistema de energia, nomeadamente o corte de carga inteligente (ILS), o corte de carga interruptível distribuída (DILS), a otimização Everett, o processo hierárquico analítico (AHP), a programação do fluxo de rede (NFP) e os métodos de inteligência artificial (IA), classificados do seguinte modo

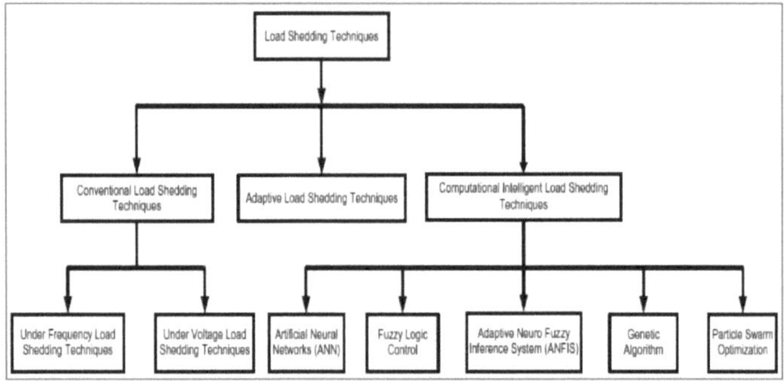

Figura 2.1 Tipos de técnicas de corte de carga

A abordagem mais frequente para gerir a frequência das redes eléctricas dentro de limites pré-determinados e preservar a estabilidade da rede durante situações críticas é o corte de carga utilizando relés de frequência. Quando a frequência desce abaixo do ponto de regulação do plano operacional, os relés de frequência do sistema dão ordens para desligar componentes da procura de energia eléctrica de forma gradual, limitando uma maior queda de frequência e as suas consequências.

2.2.1 Técnicas convencionais de corte de carga

As técnicas convencionais de corte de carga são de dois tipos:
1. Técnicas de corte de carga sob frequência (UFLS)
2. Técnicas de corte de carga sob tensão (UVLS)

O UFLS [3] é aplicado no caso de uma falha grave, uma diminuição mais rápida da frequência devido à perda de geradores. De acordo com as normas do IEEE, "o corte de carga por subfrequência deve ser efectuado imediatamente para travar a queda da frequência do sistema de energia, baixando a carga do sistema de energia para corresponder à capacidade de produção disponível". Por esta razão, são seleccionados determinados valores-limite de frequência para iniciar a limitação de carga por subfrequência. A frequência mais baixa permitida é determinada pelos componentes do sistema, como o tipo de gerador, o dispositivo auxiliar e a turbina. Para evitar um apagão, o relé UFLS é programado para cortar uma quantidade específica de carga em estágios pré-definidos quando a freqüência cai abaixo de um determinado limiar pré-definido.

Os procedimentos UVLS são utilizados para proteger o sistema elétrico contra o colapso da tensão. As enormes falhas de energia que ocorreram em todo o mundo foram causadas principalmente por problemas de instabilidade de tensão. A instabilidade de tensão é normalmente causada por uma falha forçada do gerador ou da linha, ou por sobrecarga. Nestas circunstâncias, a procura de energia reactiva nas linhas de transmissão varia muito e, se não for restabelecida rapidamente, pode resultar num apagão. As empresas de eletricidade utilizam a tecnologia UVLS para evitar a instabilidade da tensão e restaurar a tensão para o seu estado nominal [3].

2.2.2 Técnicas adaptativas de corte de carga

Para eliminar a quantidade necessária de carga, os sistemas adaptativos de limitação de carga utilizam uma equação de oscilação de potência. Esta equação pode ser utilizada para calcular o desequilíbrio de potência no sistema.

$$\Delta P = \frac{2H}{f} \times \frac{\partial f}{\partial t}$$

(2.1)

Onde ΔP é o desequilíbrio de potência, H é a constante de inércia do gerador, f é a frequência nominal (Hz), e df/dt é a taxa de variação da frequência (Hz/s). Esta equação pode ser utilizada tanto para um sistema elétrico isolado com um único gerador como para um sistema elétrico interligado. Se o sistema sofrer uma perturbação (falha ou ilhamento), a frequência e a taxa de variação da frequência (ROCOF) também se alteram. O desequilíbrio de potência pode ser determinado através da introdução de números apropriados na Eq. 1. A quantidade necessária de carga é então cortada para estabilizar a frequência. O relé ROCOF é o exemplo mais proeminente de corte de carga adaptativo. Utilizando variações de frequência e tensão, o desempenho das estratégias adaptativas de corte de carga pode ser aumentado.

As estratégias adaptativas de corte de carga melhoram a fiabilidade das abordagens tradicionais de corte de carga. No entanto, devido às variações no comportamento de df/dt, muitas abordagens sofrem de corte de carga subótimo. Foi demonstrado que o número df/dt depende das capacidades operacionais de um sistema elétrico (capacidade de carga de base, capacidade de carga de pico). Para quantidades semelhantes de flutuação de carga na capacidade de base e de pico, os valores de df/dt variam. Esta flutuação no comportamento de df/dt leva a um cálculo incorreto do desequilíbrio de potência e tem impacto no desempenho dos sistemas adaptativos de corte de carga.

2.2.3 Técnicas de corte de carga baseadas em inteligência computacional

As estratégias de corte de carga baseadas na inteligência computacional [3] são um grupo de abordagens utilizadas para simular a inteligência humana. As redes neurais artificiais (RNA), o sistema de inferência neuro-fuzzy adaptativo (ANFIS), o controlo lógico fuzzy (FLC), os algoritmos genéticos (GA) e a otimização por enxame de partículas (PSO) são exemplos. Estas estratégias podem resolver facilmente problemas não lineares e multi-objectivos em sistemas de energia que os métodos tradicionais não conseguem resolver com a rapidez e precisão necessárias. Além disso, a melhor estratégia de corte de carga é um problema de otimização não linear com várias restrições.

Quando se lida com situações não lineares complicadas, as estratégias de otimização convencionais têm-se revelado ineficazes. Consequentemente, uma estratégia eficaz de corte de carga é fundamental para o corte de carga ótimo, mantendo a estabilidade do sistema de energia. Antes de serem implementadas num sistema de energia real, estas técnicas de inteligência computacional passam por uma série de simulações para determinar a melhor estratégia de corte de carga para várias contingências, como falhas, disparos de linhas, problemas de instabilidade de tensão, divisão do sistema de energia em diferentes ilhas e problemas de estabilidade de frequência. As abordagens são utilizadas em tempo real depois de terem sido treinadas, testadas e optimizadas com êxito. Se o sistema elétrico sofrer de qualquer uma das dificuldades acima referidas, estas estratégias podem fornecer um corte de carga ótimo para esse cenário, uma vez que a melhor solução já foi encontrada.

O interesse pela utilização de técnicas de inteligência computacional em sistemas de energia tem vindo a aumentar desde o final da década de 1980. Estas técnicas são normalmente utilizadas em aplicações de sistemas de energia. No entanto, cada CIT tem desvantagens que limitam a sua utilização em aplicações em tempo real.

2.3 Funções de objetivo OLS

As funções objetivo importantes associadas ao corte de carga ótimo [6] são: Quantidade de corte de carga, índices de estabilidade de tensão (FVSI, NVSI, etc.), localização do corte de carga, custo de interrupção do cliente, perda de potência ativa, sobrecarga da linha de transmissão, etc. As equações de fluxo de potência são uma restrição de igualdade dos problemas de corte de carga. A restrição de produção de potência reactiva é considerada no algoritmo de fluxo de potência e não é necessário considerá-la na modelização do corte de carga.

2.3.1 Teoria de FVSI e NVSI

A estabilidade da tensão é definida como a capacidade de um sistema manter a sua condição de equilíbrio sempre que sujeito a uma perturbação. Um sistema entra num estado de instabilidade de tensão quando uma perturbação, um aumento da procura de carga ou uma alteração das condições do sistema provoca uma descida progressiva e incontrolável da tensão. O principal fator que causa a condição de instabilidade é a restrição no suporte de potência reactiva. Os problemas de estabilidade da tensão ocorrem normalmente em sistemas sujeitos a grandes tensões. Os índices de estabilidade de tensão baseados na linha, o Índice Rápido de Estabilidade de Tensão (*FVSI*) e o Novo Índice de Estabilidade de Tensão (*NVSI*) são utilizados como indicadores, iniciados a partir da equação quadrática da tensão na extremidade recetora de um modelo de sistema de potência de 2 barramentos, como mostra a fig. 3.2. A formulação do *FVSI* [6] é dada pela eqn. (1).

$$FVSI_{ij} = \frac{4Z_{ij}^2 Q_j}{V_i^2 X_{ij}}$$

(2.2)

Do mesmo modo, a formulação de um novo índice de estabilidade de tensão (NVSI), ligando o barramento i ao barramento j, pode ser dada por

$$NVSI_{ij} = \frac{2X\sqrt{\left(P_j^2 + Q_j^2\right)}}{2Q_j X - V_i^2}$$

(2.3)

Para ambos os casos (1) e (2), os parâmetros utilizados são os seguintes:

Z_{ij} = impedância da linha, X_{ij} ou X = reactância da linha, V_i = tensão na extremidade emissora, e

Q_j = potência reactiva no extremo recetor, P_j = potência ativa na extremidade recetora.

Uma linha utilizada como indicador para todo o sistema é quase suficiente para alcançar a estabilidade do sistema. Este índice varia entre 0 em vazio e 1 no seu ponto de instabilidade. Para indicar a instabilidade de tensão de todo o sistema, o valor máximo de *FVSI* para o sistema é suficientemente indicativo para implicar a situação. Com base na Equação (3), a soma dos índices de estabilidade de tensão é minimizada pelo UVLS para melhorar a estabilidade do sistema do ponto de vista da tensão. O processo de corte de carga no sistema é iniciado devido à variação da carga de potência reactiva no sistema, colocando-o em condições de tensão. A análise do fluxo de carga é utilizada para calcular o valor *FVSI* em cada linha interligada. Uma vez que o sistema tenha entrado na condição de tensão indicada pelo valor *FVSI* superior a 0,8, um dos barramentos de carga seleccionados continua a aumentar até que o valor *FVSI* do sistema ultrapasse 0,95. Assume-se que este ponto é o ponto em que o sistema está próximo do seu ponto de colapso. Neste ponto, será identificado o barramento de carga que apresenta o maior risco de instabilidade de tensão.

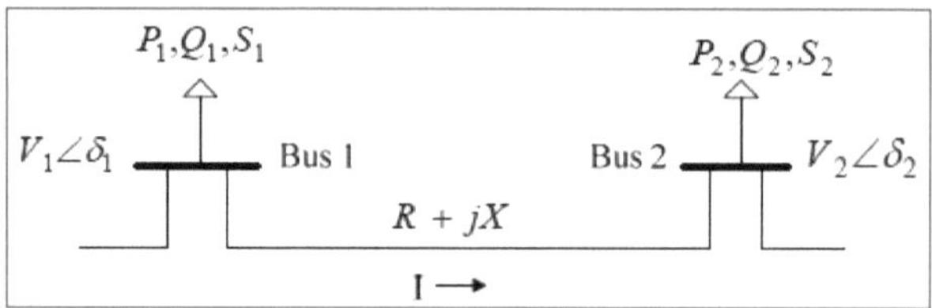

Figura 2.2 Modelo de sistema elétrico de dois barramentos

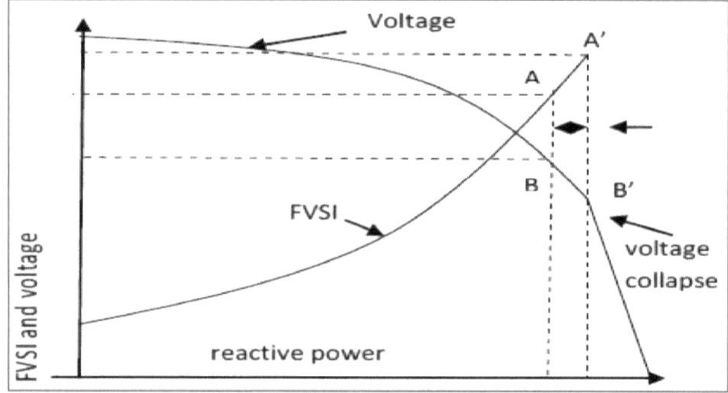

Figura 2.3 Perfis de queda de tensão e *FVSI* quando o sistema é sujeito a perturbações

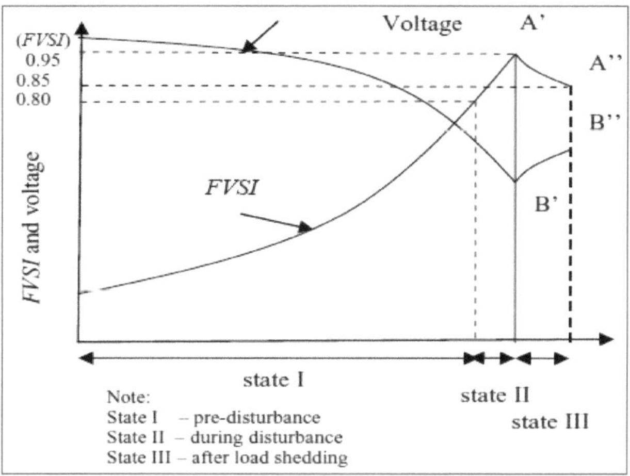

Figura 2.4 Ilustração do perfil de tensão e do FVSI antes da perturbação, durante a perturbação e quando é implementado o corte de carga

A identificação do barramento de carga que apresenta o maior risco de instabilidade de tensão é feita extraindo a linha mais sensível ligada ao barramento de carga. Se se verificar que esta linha está ligada entre os dois barramentos de carga, então a carga nestes barramentos será aumentada separadamente. O barramento com menor aumento de carga é identificado como o barramento de carga que tem o maior risco de instabilidade de tensão. Por conseguinte, esta carga é preferida para ser submetida ao processo de corte de carga. O incremento é feito em etapas. Em cada passo da implementação do corte de carga, o barramento de carga que tem o maior risco de instabilidade de tensão é re-identificado.

2.3.2 Funções de objetivo com restrições adequadas

Uma função multi-objetivo [1], que contém a soma dos valores NVSI de todas as linhas, indicando a localização óptima do corte de carga e a quantidade óptima de corte de carga, é formulada da seguinte forma, em condições de sobrecarga para restaurar a solvabilidade do fluxo de potência, a ser resolvida pelo algoritmo Firefly proposto.

$$x = w \sum_{i=1}^{LSB} \text{NVSI} + (1 - w) \sum_{i=1}^{LSB} \left(-\Delta P_{0i} \right)$$

(2.4)

LSB denota o número de barramentos com corte de carga, enquanto ΔP_{0i} denota o corte de carga no barramento i. O corte de carga foi aplicado no sistema de potência com base na praticidade e solvabilidade das equações do fluxo de potência.

1. As equações de fluxo de potência são restrições de igualdade do corte de carga, como se segue:

$$P_{Gi}^0 - P_{Di}^0 + \Delta P_{Di} = \sum_{j=1}^{N} |V_i||V_j||Y_{ij}|\cos(\delta_{ij} + \delta_j - \delta_i)$$

(2.5)

$$Q_{Gi}^0 - Q_{Di}^0 + \Delta Q_{Di} = -\sum_{j=1}^{N} |V_i||V_j||Y_{ij}|\sin(\delta_{ij} + \delta_j - \delta_i)$$

(2.6)

As necessidades de potência ativa e reactiva no barramento i são representadas por P_{Di} e QDi_{Di} respetivamente, enquanto as outras variáveis estão ligadas aos estudos de fluxo de carga. Além disso, o sobrescrito '^{0}' indica os valores iniciais dos parâmetros, enquanto o prefixo 'Δ' indica a sua flutuação. A restrição de produção de potência reactiva é tida em conta no método do fluxo de potência e não é necessário tê-la em conta nos modelos de corte de carga. Cada barramento de carga mantém um fator de potência constante, que é fornecido por:

$$Q_{D0i} \cdot \Delta P_{D0i} - P_{D0i} \cdot \Delta Q_{D0i} = 0 \quad \forall i$$

(2.7)

As exigências iniciais de potência ativa e reactiva no barramento i são denotadas por P_{D0i} e Q_{D0i}. Após o corte de carga, as magnitudes das tensões nos barramentos situam-se dentro dos seguintes limites extremos

$$V_{i,\min} \leq V_i \leq V_{i,\max}$$

(2.8)

CAPÍTULO 03: ALGORITMO DO PIRILAMPO PARA OPTIMIZAÇÃO

A Inteligência de Enxames é um campo de estudo relativamente recente que investiga o comportamento dos insectos sociais e aplica as suas teorias a situações do mundo real. Estas questões de otimização fazem parte de uma classe de problemas difíceis cujo principal objetivo é encontrar o mínimo ou o máximo de uma função objetivo de dimensão D, em que D é o número de variáveis a otimizar.

A Dra. Xin She Yang [13] criou o algoritmo Firefly na Universidade de Cambridge em 2007 e inspirou-se no comportamento de acasalamento ou de piscar dos pirilampos. Este algoritmo demonstrou ser consideravelmente mais fácil de compreender e aplicar do que os anteriores algoritmos baseados em enxames. A maioria dos pirilampos só consegue comunicar durante algumas centenas de metros. A luz intermitente é formulada na implementação do algoritmo de modo a estar relacionada com a função objetivo a otimizar.

3.1 Noções básicas do algoritmo

Existem três regras idealizadas no algoritmo do pirilampo:

1. Um pirilampo é atraído por outros pirilampos, independentemente do sexo.

2. A atração está relacionada com o brilho de um pirilampo e diminui à medida que a distância entre eles aumenta.

3. O brilho de um pirilampo é determinado pela paisagem da função objetivo.

Figura 3.1 Grupos de pirilampos

Para um problema de maximização, o brilho pode ser simplesmente proporcional ao valor da função objetivo. Para qualquer grande número de pirilampos (n), se n>>m, onde m é o número de óptimos locais de um problema de otimização, a convergência do algoritmo pode ser alcançada. Aqui, a localização inicial de n pirilampos é distribuída uniformemente em todo o espaço de pesquisa e, à medida que as iterações do algoritmo prosseguem, os pirilampos convergem para todos os óptimos locais. Comparando as melhores soluções entre todos estes óptimos, obtém-se o ótimo global. Foi observado experimentalmente que o algoritmo dos pirilampos dá resultados mais exactos quando o tamanho da população aumenta. Ao mesmo tempo, verificou-se que a velocidade de convergência do algoritmo para a solução óptima diminuía com o aumento do tamanho da população.

- **Vantagens da FA:** Precisão, robustez, facilidade e implementação paralela.
- **Desvantagens da FA:** Velocidade de convergência lenta, ficando presa em óptimos locais e sem capacidade de memorização.

3.2 Algoritmo Firefly em detalhe com fluxograma

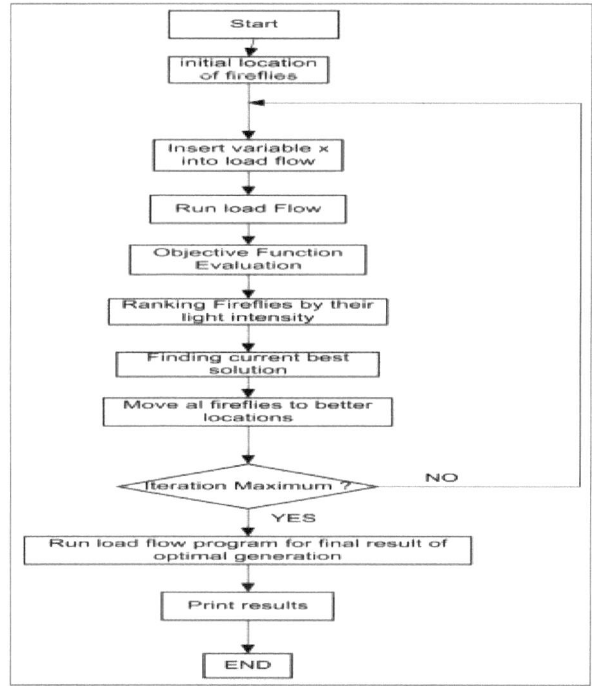

Figura 3.2 Fluxograma do algoritmo do pirilampo

Função objetiva f(x), x = (x1,..., xd) T

    Gerar uma população inicial de pirilampos xi (i = 1, 2,..., n)

    A intensidade luminosa Ii em xi é determinada por f (xi)

    Definir o coeficiente de absorção da luz

    enquanto (t <MaxGeneration)

    para i = 1: n todos os n pirilampos

    para j = 1: i todos os n pirilampos

    se (Ij > Ii), mover o pirilampo i para j na dimensão d; fim se

    A atratividade varia com a distância r através de exp [-r]

    Avaliar novas soluções e atualizar a intensidade da luz

    fim para j

    fim para i

    Classificar os pirilampos e encontrar o melhor atualmente

    fim enquanto

Resultados do pós-processo e visualização

Figura 3.3: Pseudo-código do algoritmo do pirilampo (FA)

3.2.1 Comportamento dos pirilampos

A luz intermitente dos pirilampos é uma visão espantosa no céu de verão nas regiões tropicais e temperadas. Existem cerca de duas mil espécies de pirilampos, e a maioria deles produz flashes curtos e rítmicos. O padrão dos clarões é muitas vezes único para uma determinada espécie. A luz intermitente é produzida por um processo de bioluminescência. Duas funções fundamentais destes flashes são a atração de parceiros para acasalamento (comunicação) e a atração de potenciais presas. Além disso, os flashes podem também servir como mecanismo de aviso de proteção.

A intensidade luminosa a uma determinada distância r da fonte luminosa obedece à lei do inverso do quadrado. Ou seja, a intensidade luminosa I diminui à medida que a distância r aumenta em termos de $I \propto (1/r^2)$. Além disso, o ar absorve a luz, que se torna cada vez mais fraca à medida que a distância aumenta. Estes dois factores em conjunto tornam a maioria dos pirilampos visíveis apenas a uma distância limitada, normalmente várias centenas de metros à noite, o que é normalmente suficiente para os pirilampos comunicarem.

3.2.2 Atratividade

No algoritmo do pirilampo, há duas questões importantes: a variação da intensidade da luz e a formulação da atratividade. Por simplicidade, assume-se que a atratividade de um pirilampo é determinada pelo seu brilho, que está associado à função objetivo codificada. No caso mais simples de problemas de otimização máxima, o brilho I de um pirilampo numa determinada localização x pode ser escolhido como $I(x) \propto f(x)$. No entanto, a atratividade β é relativa; deve ser vista aos olhos de quem vê ou julgada pelos outros pirilampos. Assim, irá variar com a distância r_{ij} entre o pirilampo i e o pirilampo j.

Além disso, a intensidade da luz diminui com a distância da sua fonte, e a luz também é absorvida nos meios, pelo que a atratividade deve variar com o grau de absorção. Na forma mais simples, a intensidade da luz $I(r)$ varia de acordo com a lei do inverso do quadrado $I(r) = (I_s/r^2)$ em que I_s/r^2 é a intensidade na fonte. Para um determinado meio com um coeficiente de absorção de luz fixo, a intensidade luminosa I varia com a distância r. Ou seja, $I = I_0\, e^{-\gamma r}$, em que I_0 é a intensidade luminosa original. A fim de evitar a singularidade em $r = 0$ na expressão $(I_s/r^2/r^2)$, o efeito combinado da lei do quadrado inverso e da absorção pode ser aproximado utilizando a seguinte forma gaussiana

$$I(r) = I0e^{-\gamma r2}$$

$$(3.1)$$

No caso de uma função que decresce monotonicamente a uma taxa mais lenta, pode ser utilizada a seguinte aproximação.

$$I(r) \approx I_0/ (1 + r^2)$$

$$(3.2)$$

A uma distância mais curta, as duas formas acima são essencialmente as mesmas. Isto deve-se ao facto de as expansões em série em torno de $r = 0$,

$$e^{-\gamma r2} \approx 1\text{-}\gamma r^2 + (\tfrac{1}{2})\, \gamma^2 r^4 + ..., \qquad 1/ (1+\gamma r^2) \approx 1\text{-}\gamma r^2 + \gamma^2 r^4 + ...,$$

são equivalentes entre si até à ordem de O (r3). A atratividade β de um pirilampo pode ser definida por

$$\beta(r) = \beta_0\, e^{-\gamma r^{\wedge}2}$$

$$(3.3)$$

Aqui β_0 é a atratividade em $r = 0$. Como é frequentemente mais rápido calcular $1/ (1 + r^2)$ do que uma função exponencial, a função acima, se necessário, pode ser convenientemente substituída por $\beta=\beta_0/ (1 + r^2)$. Na implementação, a forma real da função de atratividade β (r) pode ser qualquer função monotonicamente decrescente, como a seguinte forma generalizada,

$$\beta (r) = \beta_0\, e^{-\gamma r^{\wedge}m} \qquad (m>=1)$$

$$(3.4)$$

3.2.3 Distância e movimento

A distância entre dois pirilampos i e j quaisquer é de x_i e x_j respetivamente, é a distância cartesiana,

$$r_{ij} = \|x_i - x_j\| = \sqrt{\sum_{k=1}^{d} (x_{i,k} - x_{j,k})^2},$$

$$(3.5)$$

em que $x_{i,\,k}$ é o k-ésimo componente da coordenada espacial xi do i[th] pirilampo. No caso 2-D, temos

$$r_{ij} = \sqrt{((x_i - x_j)^2 + (y_i - y_j)^2)}$$

$$(3.6)$$

O movimento de um pirilampo i que é atraído por outro pirilampo mais atrativo (mais brilhante) j é determinado por

$$x_i = x_i + \beta_0\, e^{-\gamma r_{ij}^2}\, (x_j\text{-}x_i) + \alpha\, (rand - 1/2)$$

$$(3.7)$$

Aqui, o segundo termo é devido à atração, enquanto o terceiro termo é a aleatorização, sendo α o parâmetro de aleatorização. A função **rand** é um gerador de números aleatórios uniformemente distribuído em [0, 1]. Para a maioria dos casos, pode tomar-se $\beta_0 = 1$ e $\alpha \in [0, 1]$. Se as escalas variarem significativamente em diferentes dimensões, como -105 a 105 numa dimensão e -0,001 a 0,01 na outra, é melhor substituir α por αS_k em que os parâmetros de escala, viz, S_k (k = 1,...,d) nas d dimensões devem ser determinados pelas escalas efectivas do problema de interesse.

O parâmetro caracteriza agora a variação da atratividade, e o seu valor é crucialmente importante para determinar a velocidade de convergência e o comportamento do algoritmo FA. Assim, na maioria das aplicações, varia tipicamente entre 0,01 e 100.

3.2.4 Escala e assintótica

A distância r definida acima não se limita à distância euclidiana. Pode ser definida como qualquer distância r no hiperespaço n-dimensional, consoante o tipo de problema em causa. Por exemplo, para problemas de programação de tarefas, r pode ser definido como o desfasamento ou o intervalo de tempo. Para redes complexas, como a Internet e as redes sociais, a distância r pode ser definida como a combinação do grau de agrupamento local e da proximidade média dos vértices.

Como o algoritmo do pirilampo se encontra normalmente entre estes dois extremos, é possível ajustar os parâmetros γ e α de modo a que possa ter um desempenho superior ao da pesquisa aleatória e do PSO. Na verdade, a AF pode encontrar os óptimos globais e os óptimos locais de forma simultânea e eficaz. Uma outra vantagem do FA é o facto de diferentes pirilampos trabalharem de forma quase independente, o que o torna adequado para uma implementação paralela. É frequentemente melhor do que os algoritmos genéticos e o PSO porque os pirilampos se juntam mais perto de cada ótimo.

3.3 Variantes do FA

O método fundamental do pirilampo é altamente eficiente, mas à medida que o ótimo se aproxima, as soluções alteram-se. É possível aumentar a qualidade das soluções diminuindo a imprevisibilidade. Outra forma de melhorar a convergência do algoritmo é alterar o parâmetro de aleatorização de modo a que este diminua gradualmente à medida que o ótimo se aproxima. Por exemplo, $\alpha = \alpha_\infty + (\alpha_0 - \alpha_\infty)\, e^{-t}$, onde $t \in [0, t_{max}]$ é o pseudo-tempo para as simulações e t_{max} é o número máximo de gerações. O parâmetro de aleatoriedade inicial é α_0 é enquanto que α_∞ é o valor final. Ou seja, $\alpha = \alpha_0 \theta t$, onde $\theta \in (0, 1]$ é a constante de redução da aleatoriedade. Verifica-se que a eficiência pode melhorar significativamente se um termo extra $\lambda \varepsilon_i (x_i - g*)$ for adicionado à fórmula de atualização de x_i. Aqui λ é um parâmetro semelhante a α e β, e ε_i é um vetor de números aleatórios.

3.4 Implementação da amostra

Para mostrar que tanto os óptimos globais como os óptimos locais podem ser encontrados simultaneamente através da aplicação da AF, considere-se a seguinte função de quatro picos.

$$f(x, y) = e^{-(x-4)^2 - (y-4)^2} + e^{-(x+4)^2 - (y-4)^2} + 2\left[e^{-x^2 - y^2} + e^{-x^2 - (y+4)^2}\right]$$

onde $(x, y) \in [-5, 5] \times [-5, 5]$. Dois picos locais com $f = 1$ em $(-4, 4)$ e $(4, 4)$, e dois picos globais com $f_{max} = 2$ em $(0, 0)$ e $(0, -4)$, como mostra a Figura 4.3. Aqui, todos estes quatro óptimos podem ser encontrados utilizando 25 pirilampos em cerca de 20 gerações (Fig. 4.4). Assim, o número total de avaliações de funções é de cerca de 500. Isto é muito mais eficiente do que a maioria dos algoritmos metaheurísticos existentes.

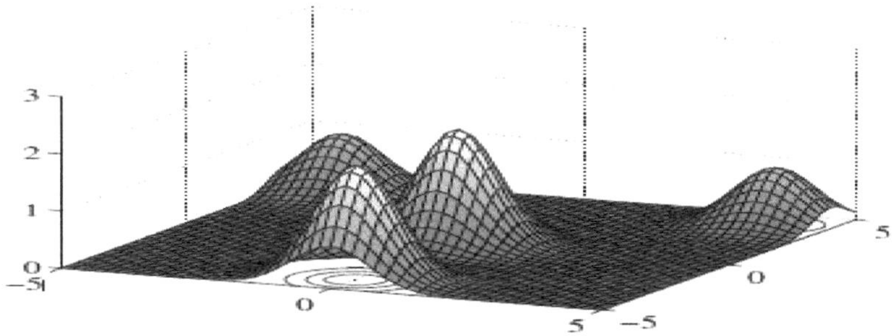

Figura 3.4 Paisagem de uma função com dois máximos globais iguais

Na implementação, os valores dos parâmetros são $\alpha = 0{,}2$, $\gamma = 1$ e $\beta 0 = 1$. Estes podem ser ajustados para se adequarem à resolução de vários problemas com escalas diferentes.

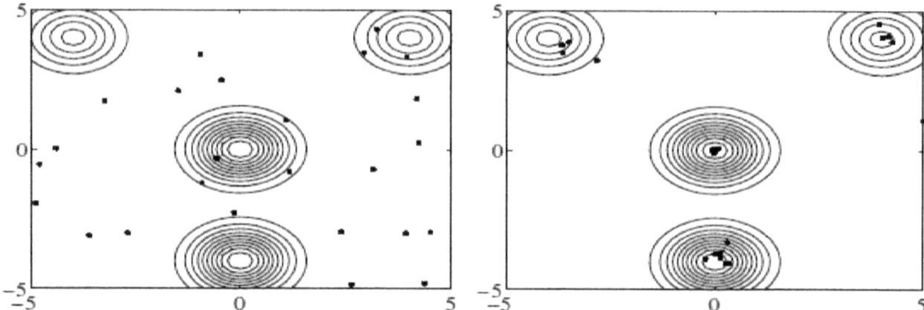

Figura 3.4 As localizações iniciais de 25 pirilampos (esquerda) e as suas localizações finais (direita)

CAPÍTULO 04: DESEMPENHO DA FA EM FUNÇÕES DE TESTE PADRÃO

4.1 Cronologia das etapas seguidas

❖ Testámos o algoritmo Firefly desenvolvido em três funções de referência padrão, nomeadamente, as funções Himmalblau, Beale e Booth.

❖ Após a validação acima referida, aplicou-se o código FA à função objetivo selecionada, ou seja, a soma dos valores FVSI de todas as linhas de transmissão, para efetuar o corte de carga ótimo, sujeito a um caso de sobrecarga, próximo de criar um colapso de tensão no sistema de energia.

❖ Desenvolveu um código para Particle Swarm Optimization (PSO) a ser utilizado para a minimização da soma dos valores FVSI de todas as linhas, ou seja, o objetivo principal.

❖ Chegou-se à conclusão de que esta função objetiva não pode determinar a localização óptima da carga a ser descarregada nos autocarros individuais.

❖ Como resultado, foi implementado o algoritmo desenvolvido e o algoritmo PSO, ambos, numa nova função multi-objetivo, a saber, a soma ponderada de todos os valores NVSI dos barramentos com perda de carga e os montantes de perda de carga nesses barramentos com perda de carga.

4.2 Implementação da FA em funções de teste padrão

4.2.1 Minimização da função de Himmalblau

- F $(x_1, x_2) = (x_1{}^2+x_2-11)^2 + (x +_1x_2{}^2-7)^2$, em que x_1, x_2 são as variáveis de decisão tais que $0 <= x_1, x_2 <=6$.
- Valor esperado de F = 0 & $x_1=3$, $x_2=2$.

Resultados:

```
Function value is f==0.009942

Values of variables are: x1=3.011699 & x2=2.011342

Value of ff with Gbest values is 0.009942 =>>
```

Figura 4.1: Saídas da função Himmalblau

Como se pode ver nos resultados, o algoritmo do pirilampo quase iguala o valor esperado de f=0 com os valores óptimos das variáveis de conceção, convergindo para x_1=3, e x_2=2.

Do mesmo modo, os resultados esperados são alcançados com as outras duas funções objetivo, tal como indicado pelos respectivos resultados, como se segue.

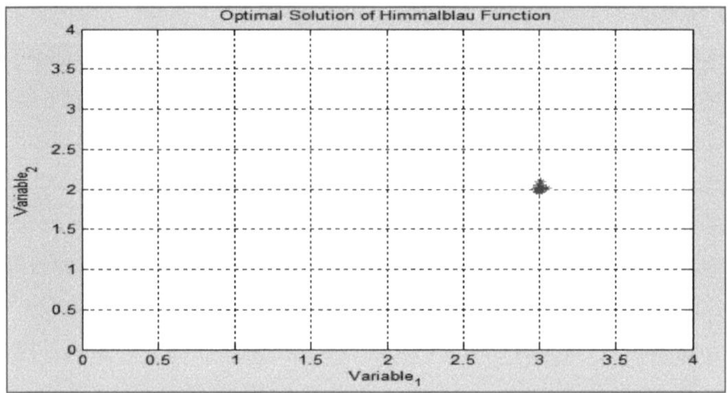

Figura 4.2: Localização dos valores óptimos representados com todas as soluções Particle Best (Himmalblau)

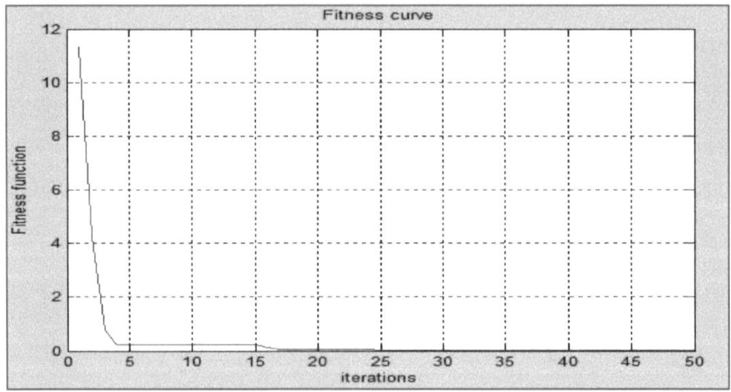

Figura 4.3 Gráfico da função de Himmalblau

4.2.2 Minimização da função Beale

- F $(x_1, x_2) = (1.5\text{-}x_1 + x_1 x_2)^2 + (2.25\text{-}x_1 + x_1 x_{2^2})^2 + (2.625\text{-}x_1 + x_1 x_{2^3})^2$, em que x_1, x_2 são variáveis de decisão tais que $-4,5 <\!- x_1, x_2 <\!-4.5$.
- Valor esperado de f = 0 & x_1=3, x_2=0.5.

Resultados:

```
Function value is f==0.000017

Values of variables are: x1=3.006906 & x2=0.501081

Value of ff with Gbest values is 0.000017 =>> |
```

Figura 4.4: Saídas para a função Beale

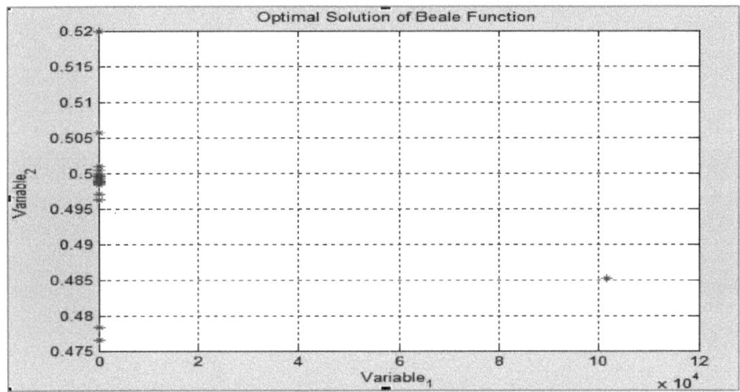

Figura 4.5 Localização dos valores óptimos representados com todas as soluções Particle Best (Beale)

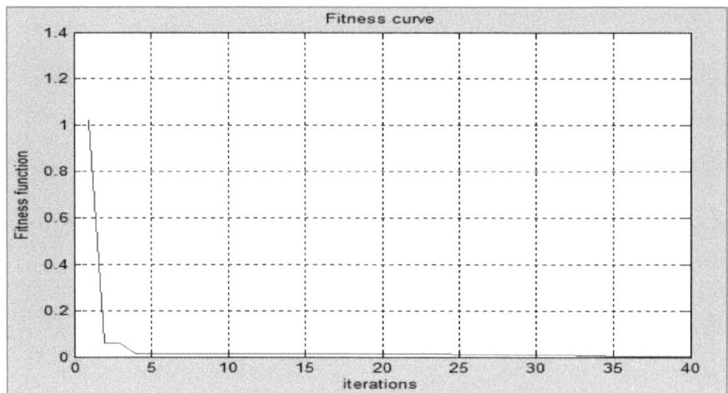

Figura 4.6 Gráfico da função Beale

4.2.3 Minimização da *função de* Booth

- F $(x_1, x_2) = (x_1+2x_2-7)^2 + (2x_1+x_2-5)^2$, em que x_1, x_2 são as variáveis de decisão tais que $-10 <= x_1, x_2 <= 10$.

- Valor esperado de F = 0 & x_1=1, x_2=3.

Resultados:

```
Function value is f==0.001139

Values of variables are: x1=0.979550 & x2=3.007569

Value of ff with Gbest values is 0.001139 =>> |
```

Figura 4.7: Saídas para a função de cabina

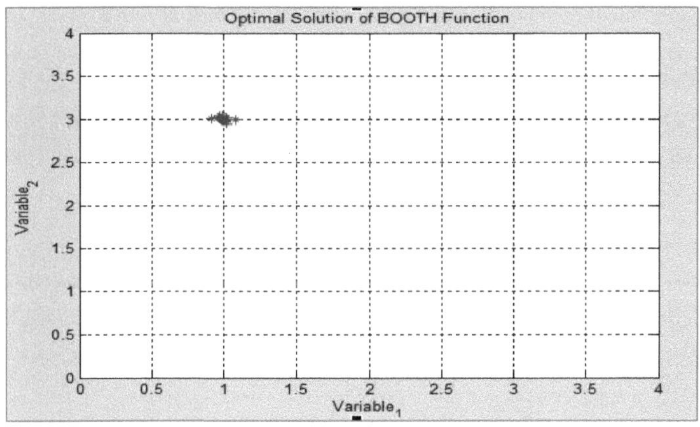

Figura 4.8 Localização dos valores óptimos representados com as melhores soluções de partículas (Booth)

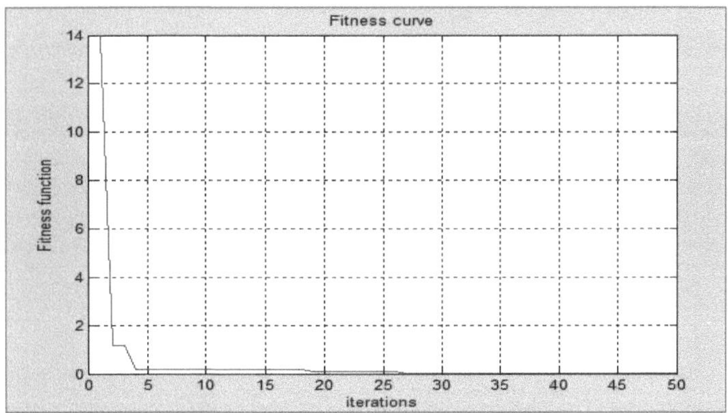

Figura 4.9 Gráfico da função de cabina

4.3 Implementação de um problema de fluxo de carga adequado

Para realizar uma análise de fluxo de potência pelo Método de Gauss-Siedel no ambiente MATLAB, são definidas as seguintes variáveis: MVA base do sistema de potência, e fator de aceleração. É utilizado o sistema de teste de 30 barramentos standard do IEEE, sendo os dados de entrada constituídos por dois ficheiros de dados, nomeadamente LINEDATA e BUSDATA, para o referido sistema.

Os valores típicos escolhidos são: **MVAb =100, eps =0,001, acc =1,6.**

A matriz "busdata" está contida no ficheiro de função BUSDATA. O número do barramento está na coluna 1. A coluna 2 fornece o código do barramento, que é utilizado para distinguir entre barramentos de carga, controlados por tensão e com folga. As colunas 3 e 4 mostram a magnitude da tensão por unidade e o ângulo de fase em graus. A carga MW e MVAr são mostrados nas colunas 5 e 6. Nessa sequência, as colunas 7 a 10 são MW, MVAr, min. MVAr e max. MVAR. O MVAr injetado dos capacitores shunt é mostrado na última coluna. A convenção de código de barramento é a seguinte: "1" representa um barramento de folga (referência), "0" representa um barramento de carga (PQ) e "2" representa um barramento de geração (PV).

A matriz "linedata" está contida no ficheiro de função LINEDATA. Os números dos barramentos de linha estão nas colunas 1 e 2. As colunas 3-5 mostram a resistência da linha, a reactância e metade da susceptância de carga total da linha, por unidade, numa determinada base MVA. A última coluna diz respeito à regulação de derivação do transformador; para as linhas, inserir "1" nesta coluna. O barramento 1 é tratado como um barramento frouxo com sua tensão ajustada para 1,06 $\llcorner 0°$ p.u. para os dados especificados. Os dados para os barramentos controlados por tensão são os seguintes:

Tabela 4.1: Dados do barramento regulado

Dados do barramento regulado				
Autocarro	Magnitude da tensão	Min.	Capacidade	Capacidade máx.
2	1.043	-40		50
5	1.010	-40		40
8	1.010	-10		40
11	1.082	-6		24
13	1.071	-6		24

As configurações de derivação do transformador são as seguintes, em que o número do barramento esquerdo é assumido como o lado da derivação do transformador.

Tabela 4.2: Dados do transformador

Dados do transformador	
Designação do	Definição de toque (p.u.)
4-12	0.932

6-9	0.978
6-10	0.969
28-27	0.968

Os dados relativos ao Q injetado devido aos condensadores de derivação são os seguintes

Tabela 4.3: Q injetado devido a condensadores

Q injetado devido a condensadores	
Autocarro n.º.	MVAr
10	19
24	4.3

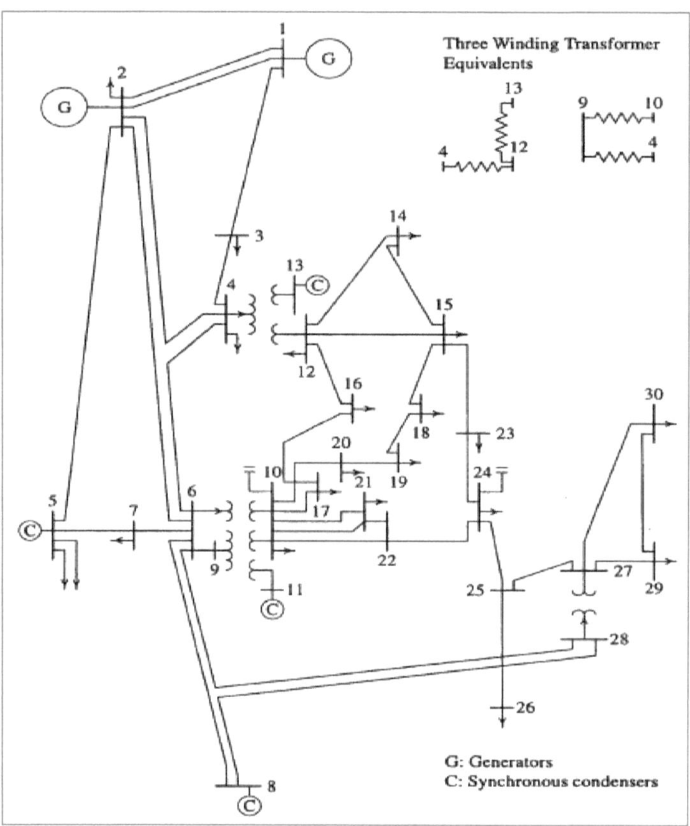

Figura 4.10   Sistema de barramento IEEE Standard 30

Autocarro n.º.	Tipo de autocarro	Tensão (p.u.)	Ângulo (D)	Q_g (MVAr)	Q_d (MVAr)	P_g (MW)	P_d (MW)
1	1	1.06	0	46.8667	0	261.5956	0
2	2	1.043	-4.96	24.0454	12.7	40	21.7
3	0	1.030	-7.47	0	1.2	0	2.4
4	0	1.016	-9.25	0	1.6	0	7.6
5	2	1.010	-13.86	-3.5157	19	0	94.2
6	0	1.008	-11.04	0	0	0	0
7	0	0.982	-12.80	0	10.9	0	22.8
8	0	1.002	-11.77	20	30	0	30
9	0	1.030	-14.26	0	0	0	0
10	0	1.023	-15.91	0	2	0	5.8
11	0	1.026	-14.26	24	0	0	0
12	0	1.045	-15.22	0	7.5	0	11.2
13	2	1.071	-15.22	22.2041	0	0	0
14	0	1.028	-16.12	0	1.6	0	6.2
15	0	1.022	-16.18	0	2.5	0	8.2
16	0	1.028	-15.79	0	1.8	0	3.5
17	0	1.019	-16.10	0	5.8	0	9
18	0	1.010	-16.82	0	0.9	0	3.2
19	0	1.006	-16.99	0	3.4	0	9.5
20	0	1.010	-16.78	0	0.7	0	2.2
21	0	1.009	-16.46	0	11.2	0	17.5
22	0	1.013	-16.27	0	0	0	0
23	0	1.009	-16.47	0	1.6	0	3.2
24	0	1.000	-16.67	0	6.7	0	8.7
25	0	1.022	-16.22	0	0	0	0
26	0	1.005	-16.66	0	2.3	0	3.5
27	0	1.025	-15.67	0	0	0	0
28	0	1.006	-11.72	0	0	0	0
29	0	1.005	-16.97	0	0.9	0	2.4
30	0	0.993	-17.89	0	1.9	0	10.6

CAPÍTULO 05: APLICAÇÃO DE FA A UM PROBLEMA ÓPTIMO DE CORTE DE CARGA

5.1 Etapas do processo de corte de carga para a primeira função objetivo

As etapas processuais do processo de corte de carga [4] utilizadas são:

1. Executar o programa de fluxo de carga utilizando o método de Gauss-Siedel no caso de base.

2. Avaliar o valor FVSI para cada linha do sistema.

3. Aumentar a carga de potência reactiva no barramento escolhido em múltiplos do valor da potência reactiva do cenário de base até que uma das linhas de ligação tenha um valor FVSI superior a 0,8.

4. Aumentar o barramento de carga selecionado até que o valor FVSI numa das linhas ligadas aos barramentos ultrapasse 0,95.

5. Identificar a linha ligada ao barramento de carga que tem o valor FVSI mais elevado.

6. Se esta linha estiver ligada entre os dois barramentos de carga, a carga com menor valor é identificada como o barramento com maior risco de instabilidade de tensão.

7. Este barramento de carga é escolhido como o barramento a ser desviado.

8. Se a limitação de carga foi implementada na primeira etapa, o valor *FVSI* do sistema continua a ser superior à margem de segurança (FVSI = 0,85), voltar à etapa (v) supra.

9. O processo pára quando o valor FVSI é inferior à margem de segurança, ou seja, *FVSI* = 0,85.

5.2 Resultados da antiga função objetivo para o corte de carga

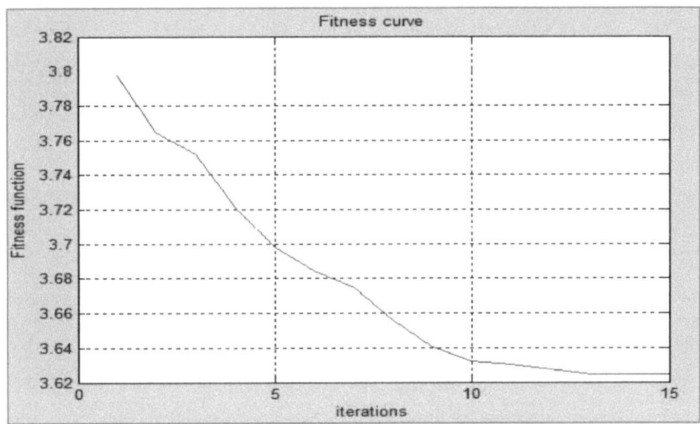

Figura 5.1 Curva do objetivo "Soma de todos os FVSI

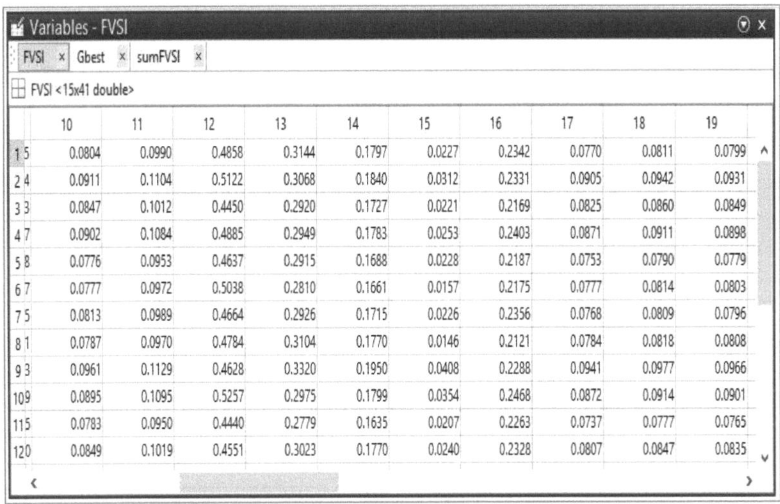

Variables - FVSI

FVSI × Gbest × sumFVSI ×

FVSI <15x41 double>

	10	11	12	13	14	15	16	17	18	19
1 5	0.0804	0.0990	0.4858	0.3144	0.1797	0.0227	0.2342	0.0770	0.0811	0.0799
2 4	0.0911	0.1104	0.5122	0.3068	0.1840	0.0312	0.2331	0.0905	0.0942	0.0931
3 3	0.0847	0.1012	0.4450	0.2920	0.1727	0.0221	0.2169	0.0825	0.0860	0.0849
4 7	0.0902	0.1084	0.4885	0.2949	0.1783	0.0253	0.2403	0.0871	0.0911	0.0898
5 8	0.0776	0.0953	0.4637	0.2915	0.1688	0.0228	0.2187	0.0753	0.0790	0.0779
6 7	0.0777	0.0972	0.5038	0.2810	0.1661	0.0157	0.2175	0.0777	0.0814	0.0803
7 5	0.0813	0.0989	0.4664	0.2926	0.1715	0.0226	0.2356	0.0768	0.0809	0.0796
8 1	0.0787	0.0970	0.4784	0.3104	0.1770	0.0146	0.2121	0.0784	0.0818	0.0808
9 3	0.0961	0.1129	0.4628	0.3320	0.1950	0.0408	0.2288	0.0941	0.0977	0.0966
10 9	0.0895	0.1095	0.5257	0.2975	0.1799	0.0354	0.2468	0.0872	0.0914	0.0901
11 5	0.0783	0.0950	0.4440	0.2779	0.1635	0.0207	0.2263	0.0737	0.0777	0.0765
12 0	0.0849	0.1019	0.4551	0.3023	0.1770	0.0240	0.2328	0.0807	0.0847	0.0835

Figura 5.2 Porção da matriz FVSI para as linhas

Isto sugere que a linha n.º 12, com valores mais elevados de FVSI em todas as iterações, está a sofrer de instabilidade de tensão, seguida das linhas 13 e 16. Estas linhas podem ser sensíveis às mais pequenas variações de carga. Assim, qualquer sobrecarga pode afetar ao máximo a estabilidade da tensão destas linhas. Assim, a carga óptima a eliminar pode ser obtida através do algoritmo Firefly.

5.2.1 Algoritmo do vagalume aplicado à função objetivo antiga (FVSI)

Como se pode ver na figura, a soma dos valores FVSI de todas as 41 linhas do sistema de 30 barramentos IEEE atinge um valor mínimo de cerca de 3,62 no final de 15 iterações.

Para iniciar o problema do fluxo de carga, é necessário modelar o estado de tensão em diferentes barramentos do sistema, aumentando a carga de potência reactiva em múltiplos da carga do caso de referência, conforme especificado. Os resultados do fluxo de carga resultantes com a condição de tensão para o dobro da carga do caso de base são os seguintes

```
 Bus No.    Bus Type   Voltage   Angle(D)   Qg(MVAr)   Qd(MVAr)    Pg(MW)      Pd(MW)

zm =

     1.0000     1.0000    1.0600          0    51.7051          0   255.9825           0
     2.0000     2.0000    1.0430    -4.0695    33.2965    12.7000    40.0000     21.7000
     3.0000          0    1.0171    -7.1778          0     2.4000          0      2.4000
     4.0000          0    1.0017    -8.9083          0     1.6000          0      7.6000
     5.0000     2.0000    1.0100   -13.7539     4.1140    19.0000          0     94.2000
     6.0000          0    0.9957   -10.7562          0          0          0           0
     7.0000          0    0.9674   -12.4927          0    21.8000          0     22.8000
     8.0000     2.0000    1.0100   -11.6776    56.8898    30.0000          0     30.0000
     9.0000          0    1.0180   -14.0156          0          0          0           0
    10.0000          0    0.9941   -15.8351          0     2.0000          0      5.8000
    11.0000     2.0000    1.0520   -14.0116    24.0000          0          0           0
    12.0000          0    1.0192   -15.1206          0    15.0000          0     11.2000
    13.0000     2.0000    1.0710   -15.1177    24.0000          0          0           0
    14.0000          0    0.9960   -15.9859          0     3.2000          0      6.2000
    15.0000          0    0.9889   -15.9959          0     5.0000          0      8.2000
    16.0000          0    0.9964   -15.6370          0     3.6000          0      3.5000
    17.0000          0    0.9855   -15.9701          0    11.6000          0      9.0000
    18.0000          0    0.9739   -16.6591          0     0.9000          0      3.2000
    19.0000          0    0.9685   -16.8526          0     6.8000          0      9.5000
    20.0000          0    0.9738   -16.7050          0     0.7000          0      2.2000
    21.0000          0    0.9702   -16.1976          0    22.4000          0     17.5000
    22.0000          0    0.9793   -16.0970          0          0          0           0
    23.0000          0    0.9701   -16.2298          0     3.2000          0      3.2000
    24.0000          0    0.9599   -16.3116          0    13.4000          0      8.7000
    25.0000          0    0.9625   -16.0514          0          0          0           0
    26.0000          0    0.9332   -16.2122          0     4.6000          0      3.5000
    27.0000          0    0.9786   -15.7783          0          0          0           0
    28.0000          0    0.9927   -11.4658          0          0          0           0
    29.0000          0    0.9537   -17.1437          0     0.9000          0      2.4000
    30.0000          0    0.9370   -18.0547          0     3.8000          0     10.6000
```

Figura 5.3 Resultados do fluxo de carga modificado para o sistema de 30 barramentos (2 * Carga do caso de base)

5.2.2 Resultados do algoritmo PSO na função FVSI

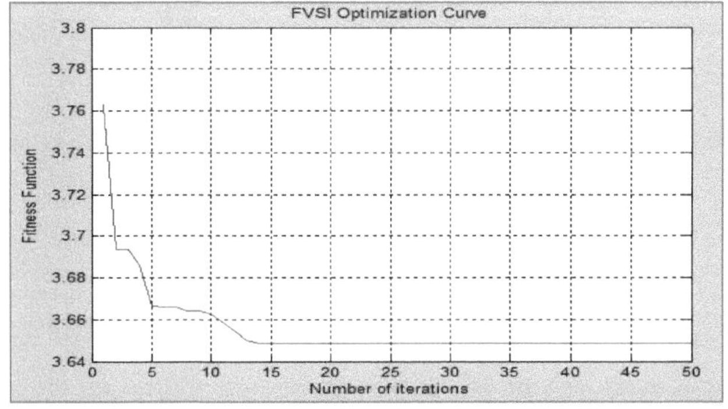

Figura 5.4 Curva FVSI utilizando o algoritmo PSO

37

5.3 O processo de carregamento de potência reactiva para o corte de carga

O efeito do aumento da carga de potência reactiva em barramentos de carga seleccionados, dependendo da proximidade dos barramentos de carga em relação aos geradores e dos seus valores de base de carga, deve ser visível em algumas das linhas de transporte que ligam os respectivos barramentos de carga. Pode justificar-se iniciar o processo de corte de carga identificando o barramento de carga mais crítico, ou seja, o barramento que tem um valor FVSI superior a um certo limiar, por exemplo 0,8, um indicador de estado de tensão.

As tensões nesses barramentos, onde a carga reactiva foi aumentada, reduziram-se, o que é indicado pelos resultados do fluxo de carga. Assim, de acordo com a relação inversa entre o FVSI e a tensão nos barramentos, o valor do FVSI em algumas linhas, associado a estes barramentos sobrecarregados, deve aumentar.

5.4 Problemas encontrados durante a implementação do processo de corte de carga

Após a execução de ambos os algoritmos para a condição de tensão em vários barramentos, os valores FVSI tendem a reduzir, em vez de aumentar, como esperado, devido a razões desconhecidas. Assim, torna-se difícil determinar a localização do barramento em que a carga deve ser cortada devido a indicações incorrectas dos valores FVSI. Uma vez resolvido este erro, é possível identificar o barramento de carga mais crítico, com base nos indicadores FVSI das diferentes linhas. Deste modo, será possível iniciar gradualmente o processo de corte de carga. Deve ser seguido o procedimento normalizado especificado [6].

5.5 Procedimento para implementar a Função Multi-Objetivo para o corte de carga

1) Executando com o limite inferior de tensão como 0,85, aumentar a carga com fator de potência constante em todos os barramentos até uma fase em que não seja alcançada nenhuma solução, sujeita às restrições especificadas.

2) Executar o OPF imediatamente antes da insolvência em caso de sobrecarga ou de corte de linha e calcular o NVSI em todos os barramentos. Classificar os barramentos de carga por ordem decrescente e selecionar os barramentos com um valor elevado de NVSI como barramentos fracos para efetuar a descarga de carga.

3) A geração de valores aleatórios reais situa-se entre os limites superior e inferior. A seleção adequada destes limites pode ajudar a obter uma solução global óptima, dependendo dos conhecimentos do operador e dos casos considerados, como a sobrecarga. Assumir um tamanho de população adequado e um número máximo de iterações.

4) Execute o OPF para todas as populações iniciais criadas, aumentando a tensão limite inferior para 0,9 p.u. Determine o valor objetivo utilizando a equação (2).

5) Para cada iteração, determinar os valores objectivos mínimos e as partículas óptimas seguindo as etapas do algoritmo.

6) A solução óptima é alcançada se o requisito de terminação for cumprido ou se a iteração máxima for atingida. A diferença entre o limite superior e o valor determinado pela melhor partícula para cada parâmetro produzirá o corte de carga num determinado barramento de carga.

7) Após o corte de carga, execute o OPF para avaliar o desempenho do sistema.

5.6 Resultados finais da metodologia proposta

a) Os limites de solvabilidade foram determinados, seguindo os passos processuais especificados, aumentando gradualmente o fator de carga (λ) até $\lambda=1,68$, onde o sistema se torna insolúvel. Assim, os resultados do FPO, imediatamente abaixo de $\lambda=1,68$, ou seja, 1,67, estão registados na Tabela 5.2.

b) Depois de calcular os valores NVSI para todas as 41 linhas do sistema de barramentos IEEE 30, são determinadas as 7 linhas principais com os maiores valores NVSI, como se mostra na Tabela 5.2, juntamente com os barramentos fracos relacionados. A figura 5.1 mostra os valores NVSI para todas as linhas.

c) Como ilustrado na Tabela 5.3, os limites da variável de controlo (superior e inferior) para a situação de carga pesada são ajustados para limitar o corte de carga dentro deste intervalo desejável. O limite superior da procura de carga é atingido na fronteira de insolvência, ou seja, para = λ=1,68. O limite inferior é tipicamente 2-3% inferior ao limite superior [1].

d) A Figura 5.3 mostra a quantidade proporcional de carga perdida nos barramentos fracos seleccionados, enquanto a Figura 5.4 mostra as contribuições percentuais das linhas de transmissão sobrecarregadas seleccionadas para a insolvência do sistema.

e) Os algoritmos Firefly e PSO são ambos executados para a função multi-objetivo declarada, que inclui a quantidade óptima de corte de carga e a localização dos barramentos com factores de ponderação adequados (0,5 e 0,5), e os resultados são apresentados.

f) A Tabela-5.5 mostra os valores óptimos da procura de potência ativa e reactiva em todos os barramentos de carga.

g) Utilizando os algoritmos PSO e Firefly, o valor global ótimo de corte de carga foi determinado como sendo 1,5520 MW. O total dos sete maiores valores NVSI das linhas foi descoberto como sendo 1,5207.

Tabela 5.1 Resultados do fluxo de carga para a condição de sobrecarga

Aut oca rro n.º.	Tipo de auto carr o	Tensão (p.u.)	Ângulo (d)	Qg(MVAr)	Qd(MVAr)	Pg(MW)	Pd(MW)
1	1	1.06	0	288.819	0	524.631	0
2	0	0.9233	-10.218	71.2090	21.209	40	36.239
3	0	0.8444	-14.580	0	2.0040	0	4.0080
4	0	0.7979	-18.779	0	2.6720	0	12.692
5	0	0.7922	-32.738	71.7300	31.730	0	157.314
6	0	0.7669	-23.439	0	0	0	0
7	0	0.7566	-28.848	0	18.203	0	38.0760
8	0	0.7521	-25.423	40.1000	50.100	0	50.10
9	0	0.7596	-33.353	0	0	0	0
10	0	0.7232	-39.044	0	3.3400	0	9.686
11	0	0.8207	-33.359	24	0	0	0
12	0	0.7614	-36.444	0	12.525	0	18.704
13	0	0.8034	-36.458	24	0	0	0
14	0	0.7231	-39.482	0	2.6720	0	10.354
15	0	0.7106	-39.761	0	4.1750	0	13.694

16	0	0.7272	-38.471	0	3.0060	0	5.8450
17	0	0.7109	-39.648	0	9.6860	0	15.030
18	0	0.6833	-42.111	0	1.5030	0	5.3440
19	0	0.6752	-42.827	0	5.6780	0	15.865
20	0	0.6846	-42.089	0	1.1690	0	3.6740
21	0	0.6853	-40.969	0	18.704	0	29.225
22	0	0.6983	-40.329	0	0	0	0
23	0	0.6843	-41.023	0	2.6720	0	5.3440
24	0	0.6646	-41.769	0	11.189	0	14.529
25	0	0.6581	-40.868	0	0	0	0
26	0	0.6082	-42.739	0	3.8410	0	5.8450
27	0	0.6782	-39.264	0	0	0	0
28	0	0.7466	-25.137	0	0	0	0
29	0	0.6168	-44.484	0	1.5030	0	4.0080
30	0	0.5812	-48.761	0	3.1730	0	17.702

Tabela 5.2 Valores de carga diferentes para autocarros fracos sujeitos a sobrecarga

BUS	CARREGAMENTO DE BASE	CARGA PESADA	
		Resolvível ($\lambda=1{,}67$)	Não solucionável ($\lambda=1{,}68$)
	P(MW)	P(MW)	P(MW)
5	94.2	157.314	158.256
10	5.8	9.686	9.744
30	10.6	17.702	17.808
11	0.00	0.00	0.00
12	11.2	18.704	18.816
7	22.8	38.076	38.304

Tabela 5.3 Os 7 autocarros mais fracos identificados para a transferência de carga

Linha	Autocarro	NVSI	Classificação
2-5	5	0.6820	1
6-10	10	0.2205	2
27-30	30	0.1900	3
29-30	30	0.1441	3
9-11	11	0.0995	4
4-12	12	0.0987	5
5-7	7	0.0855	6

Tabela 5.4 Limites da variável de controlo para a condição de carga pesada

Parâmetro	Limites (MW)
P_{L5}	155.09--158.26
P_{L10}	9.55--9.74
P_{L30}	17.45--17.81
P_{L12}	18.44--18.82
P_{L7}	37.54--38.30

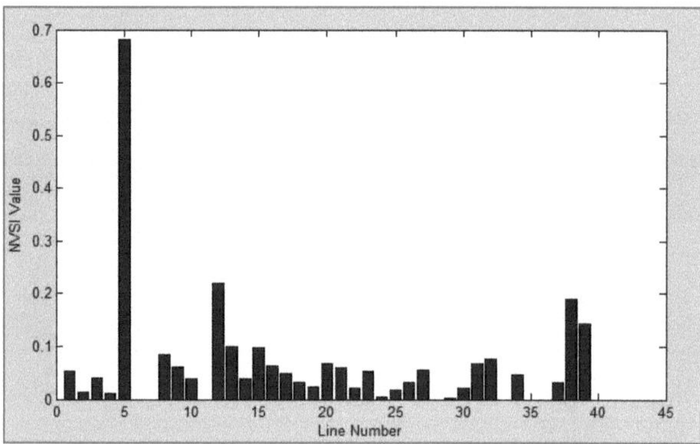

Figura 5.5 Linhas de transmissão e respectivos valores NVSI

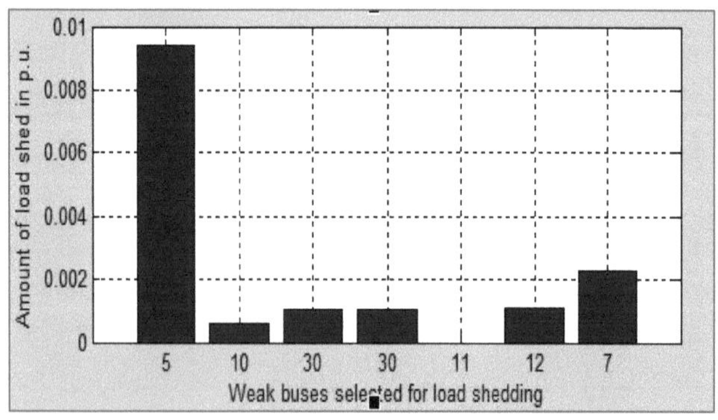

Figura 5.6 Quantidade de carga nos autocarros fracos

42

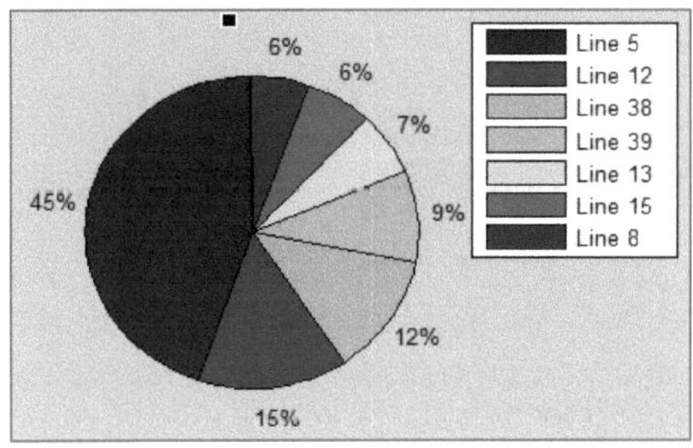

Figura 5.7 Contribuição das linhas em sobrecarga a partir dos valores NVSI em %

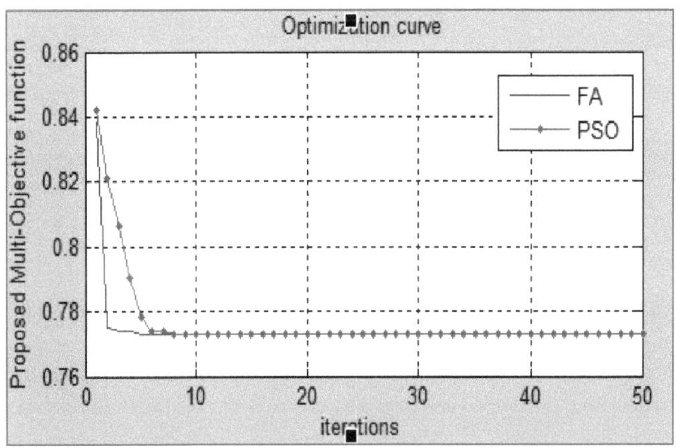

Figura 5.8 Curva da função objetivo para ambos os algoritmos

Tabela 5.5 Resultados optimizados para condições de carga pesada (PSO e FA)

Parâmetros	Melhores valores comprometidos
P_{L5}	157,31 MW
P_{L10}	9,69 MW
P_{L30}	17,70 MW
P_{L12}	18,70 MW
P_{L7}	38,08 MW
Q_{L5}	31,73 MVAR

Q_{L10}	3,34 MVAR
Q_{L30}	3,173 MVAR
Q_{L12}	12,525 MVAR
Q_{L7}	18,203 MVAR
Soma de NVSI (1-LSB)	1.5207
Corte de carga total	1,5520 MW
Objetivo, OF	0.7729

CAPÍTULO 06: CONCLUSÃO

O problema do corte de carga ótimo é basicamente um problema complexo de otimização multiobjectivo com objectivos frequentemente contraditórios. As equações do fluxo de potência e a condição para um fator de potência fixo constituem as restrições de igualdade, juntamente com os limites superior e inferior das tensões dos barramentos, das necessidades de potência ativa, etc. Os índices de estabilidade da tensão são indicadores bastante úteis e fiáveis da estabilidade da tensão de um sistema de energia generalizado. O valor destes índices, como FVSI, NVSI, etc., entre 0 e 1, definido para cada linha de transmissão, depende da carga de potência ativa e reactiva na linha. Os valores mais próximos de zero indicam estabilidade de tensão/funcionamento normal, ao passo que os valores próximos da unidade sugerem instabilidade devido à sobrecarga das linhas, indicando a necessidade de corte de carga se todos os outros métodos forem esgotados. O algoritmo Firefly é um algoritmo de otimização meta-heurístico preciso e robusto, baseado em inteligência de enxame bio-inspirada, desenvolvido no domínio da inteligência artificial. Pode ser aplicado tanto a problemas mais simples como a problemas NP-difíceis com uma precisão razoável.

Os algoritmos Firefly e PSO são utilizados para determinar o número ideal de cargas e a colocação de barramentos. Os resultados dos testes no sistema de 30 barramentos do IEEE sugerem que esta abordagem de corte de cargas pode ser utilizada para restaurar a solvabilidade do fluxo de potência de uma forma computacionalmente eficiente. As curvas da função objetivo geradas por ambos os métodos indicam que, embora ambos sejam extremamente resistentes e acabem por convergir para o mesmo valor ótimo, a técnica Firefly converge mais rapidamente do que a técnica PSO para este problema de corte de carga ótimo. Assim, os algoritmos Firefly e PSO dão resultados exactos em funções de teste padrão. Assim, pode esperar-se que o corte de carga seja efectuado de forma eficaz com o conhecimento de índices como FVSI e NVSI utilizando FA e PSO.

REFERÊNCIAS

[1] R. Kanimozhi, K. Selvi, K.M. Balaji, "Multi-objective approach for load shedding based on voltage stability index consideration", Alexandria Engineering Journal, Alexandria University, (2014) 53, 817-825.

[2] Y. Wang, I.R. Pordanjani W. Li W. Xu E. Vaahedi, "Strategy to minimize the load shedding amount for voltage collapse prevention", IET Gener. Transm. Distrib., 2011, Vol. 5, Iss. 3, pp. 307-313.

[3] J.A. Laghari, H. Mokhlis, A.H.A. Bakar, Hasmaini Mohamad, "Application of computational intelligence techniques for load shedding in power systems: A review", Energy Conversion and Management 75 (2013) 130-140, 0196-8904, Elsevier Ltd.

[4] A. Cheraghi Valujerdi, M. Mohammadian, "A Novel Load Shedding Method To Improve Transmission Line Performance And Voltage Stability Margin", International Journal on Technical and Physical Problems of Engineering" (IJTPE), Iss. 13, Vol. 4, No. 4, Dec.2012, ISSN 2077-3528.

[5] MO Yuan-bin, MA Yan-zhui, ZHENG Qiao-yan, "Optimal Choice of Parameters for Firefly Algorithm", 2013 Fourth International Conference on Digital Manufacturing & Automation, 978-0-7695-5016-9/13 © 2013 IEEE. DOI 10.1109/ICDMA.2013.210.

[6] Abdul R. Minhat, et al., "Multi-Step Load Shedding Scheme for Voltage Security Assessment Considering System Disturbances", 7th WSEAS International Conference on Application of Electrical Engg. (AEE'08), julho de 2008. ISSN: 1790-5117.

[7] T. Amraee, B. Mozafari, and A.M. Ranjbar, "An Improved Model for Optimal Under Voltage Load Shedding: Particle Swarm Approach", Power India Conference, 2006 IEEE, 0-7803-9525-5/06 ©2006 IEEE.

[8] Thelma S. P. Fernandes, J. R. Lenzi, and Miguel A. Mikilita, "Load Shedding Strategies Using Optimal Load Flow With Relaxation of Restrictions", IEEE Transactions on Power Systems, Vol. 23, No. 2, May 2008, 0885-8950 © 2008 IEEE.

[9] Bharti Pandey, Dr. L S Titare, "Load Shedding Based on Sensitivity Index to Avoid Voltage Collapse", International Journal of Electrical and Electronics Research, Vol. 2, Issue 2, pp: (18-22), Month: abril - junho de 2014, ISSN 2348-6988.

[10] Roberto Faranda, et al., "Load Shedding: A New Proposal", IEEE Transactions on Power Systems, Vol. 22, No. 4, November 2007, 0885-8950 © 2010 IEEE.

[11] Xin-She Yang, "Firefly Algorithms for Multimodal Optimization", arXiv: 1003.1466v1 [math.OC] 7 Mar 2010.

[12] Hadi Saadat, "Power System Analysis", WCB/McGrawHill.

[13] X.S. Yang, "Nature-Inspired Metaheuristic Algorithms, IInd Edition", Luniver Press.

[14] Jizhong Zhu, "Optimization Of Power System Operation", IEEE Press Series on Power Engineering, A John Wiley & Sons, Inc., Publication, ISBN: 978-0-470-29888-6.

[15] Nishant Saxena, tese de mestrado, "Economic Load Dispatch Using Firefly Algorithm", Universidade de Thapar, Patiala, Punjab, julho de 2014.

Printed by Books on Demand GmbH, Norderstedt / Germany